글 송지혜

부산대학교에서 분자생물학을 전공하고, 고려대학교에서 과학언론학으로 석사 학위를 받았습니다.
지금은 어린이를 위한 지식 정보책을 쓰고 옮기는 일을 합니다. 지금까지 《자연을 담은 색, 색이 만든 세상》,
《매직 엘리베이터: 바다》, 《또래퀴즈: 공룡 퀴즈 백과》 들을 쓰고, 《알기 쉬운 원소도감》, 《초등학생이 알아야 할 스포츠 100가지》,
《초등학생을 위한 지식습관: 발명 30》, 《10대를 위한 최신 과학: 인공지능》 들을 우리말로 옮겼습니다.
제1회 책읽는곰 어린이책 공모전 교양 부문 대상 수상작인 《상상해 봐, 공룡!》은 공룡을 좋아하는 어린이들이
알고 있는 지식을 구름판 삼아 새롭고 즐거운 상상을 깊고 넓게 펼쳐 보기를 바라는 마음으로 썼답니다.

그림 김현영

대학에서 의상 디자인을 공부했고, 그림이 좋아서 뉴욕에 있는 스쿨오브비주얼아츠(SVA)에서 다시 일러스트레이션을 공부했습니다.
그림을 그린 책으로 《지구의 역사》, 《내가 바로 바이러스》, 《세상을 바꾸는 따뜻한 금융》, 《세상을 움직이는 철》 들이 있습니다.
공룡의 새로운 모습을 알아 가는 과정을 그리면서 들떴던 마음이 어린이 독자들에게도 잘 전해지기를 바랍니다.

감수 이정모

연세대학교와 연세대학교 대학원에서 생화학을 공부하고, 독일 본대학교에서 유기화학을 연구했지만 박사는 아닙니다.
안양대학교 교양학부 교수로 학생들을 가르쳤고, 서대문자연사박물관, 서울시립과학관, 국립과천과학관 관장을 지냈습니다.
지금은 펭귄각종과학관 관장으로 지내며, 더 많은 사람들에게 과학 이야기를 전하기 위해 책을 쓰고 강연을 합니다.
《찬란한 멸종》, 《과학의 눈으로 세상을 봅니다》, 《과학이 가르쳐 준 것들》, 《과학관으로 온 엉뚱한 질문들》,
《저도 과학은 어렵습니다만》, 《달력과 권력》을 비롯한 여러 책을 썼습니다. 어린이들이 공룡을 더욱 잘 상상하려면
지금 우리 곁에 살아 있는 생명들도 열심히 관찰하고 사랑해야 한다는 사실을 깨닫기를 바라며, 이 책의 내용을 꼼꼼하게 살폈습니다.

상상해 봐
공룡!
송지혜 글 · 김현영 그림 · 이정모 감수
책읽는곰

공룡을 떠올려 봐.

단단한 피부! 날카로운 이빨! 무시무시한 발톱!
쿵쾅거리는 묵직한 발소리와 사나운 울음소리가 들리는 것 같니?
공룡을 직접 본 사람은 아무도 없어. 하지만 우리는 영화와 책,
장난감을 통해 공룡의 모습을 쉽게 떠올릴 수 있지.
공룡은 아주 오래전에 지구에서 사라졌는데,
어떻게 생김새를 알게 된 걸까?

*프테라노돈은 익룡이라고 불리지만 공룡은 아니야.
익룡은 날개가 달린 파충류를 말해.

티라노사우루스
브라키오사우루스

공룡을 생생하게 되살리는 데 꼭 필요한 것이 있어. 그건 바로 **상상!**
그리고 이 상상의 재료가 되는 건 **화석**이야.

화석은 '될 화(化)'에 '돌 석(石)'을 써서 '돌이 되었다'는 뜻이야.
죽은 생물의 전체 또는 일부, 활동 흔적이 땅속에 굳어져
오늘날까지 남아 있는 것을 말하지.
화석이 되는 건 주로 뼈와 이빨, 껍데기처럼 단단한 부분이야.

근육이나 피부처럼 부드러운 부분은
다른 동물에게 먹히거나 금방 썩어 버리거든.
자, 지금부터 **재미있는 상상**을 해 볼까?

상상해 봐!

이건 누구 뼈일까?

어떻게 생겼을까?

토끼!

토끼의 가장 큰 특징은 기다란 귀야.

하지만 귀는 부드러운 뼈로 되어 있어서 화석으로 남기 힘들어.

토끼를 상징하는 귀가 사라지면 토끼라는 걸 무엇으로 알아볼 수 있을까?

귀뿐만이 아니야! 토끼는 무척이나 귀엽게 생겼어.

하지만 토끼의 머리뼈만 보면 도무지 귀엽게 생긴 동물이라고 상상하기 힘들어.

크고 날카로운 앞니가 무시무시해 보이기도 해. 그렇다면 공룡은 어떨까?

시옷 자 입 모양
깡총깡총
쫑긋한 귀
초롱초롱한 눈망울!
동그란 꼬리
보드라운 털

공룡은 어떻게 생겼을까?
박쥐
얇은 막으로 된 날개가
달려 있었을지도…….
말랑말랑하고 툭
튀어나온 코가 있었을까?
코주부원숭이
에헴
턱에는
수염이 나 있었을까?
멋진 갈기가 달려 있었을까?
염소
사자
말

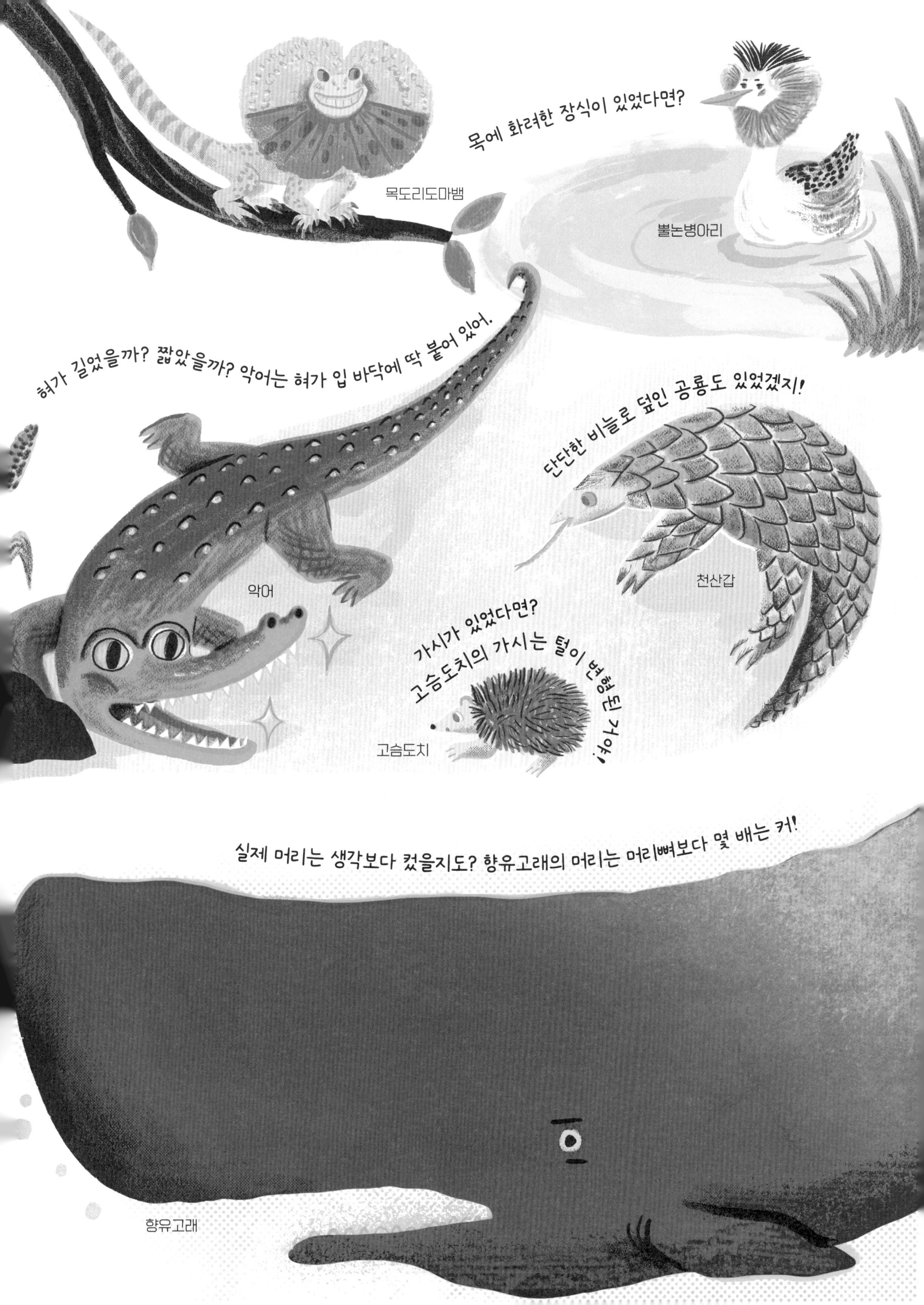
목에 화려한 장식이 있었다면?
목도리도마뱀
뿔논병아리
혀가 길었을까? 짧았을까? 악어는 혀가 입 바닥에 딱 붙어 있어.
단단한 비늘로 덮인 공룡도 있었겠지!
악어
천산갑
가시가 있었다면?
고슴도치의 가시는 털이 변형된 거야!
고슴도치
실제 머리는 생각보다 컸을지도? 향유고래의 머리는 머리뼈보다 몇 배는 커!
향유고래

1996년에 발견된 시노사우롭테릭스의 화석을 봐. 머리에서부터 등과 꼬리까지 가는 **털**이 길게 나 있어. 벨로키랍토르의 앞다리 뼈 화석에서도 **깃털**의 흔적이 발견되었지. 몸이 털과 깃털로 뒤덮인 공룡도 있었던 거야!

심지어 박쥐 같은 **날개**가 있는 공룡도 발견되었어.

티라노사우루스는 생각보다 인상이 순했을지도 몰라.
티라노사우루스에게 **입술**이 있어서 입을 다물면
이빨이 보이지 않았을 거라는 주장도 있거든.

상상해 봐!

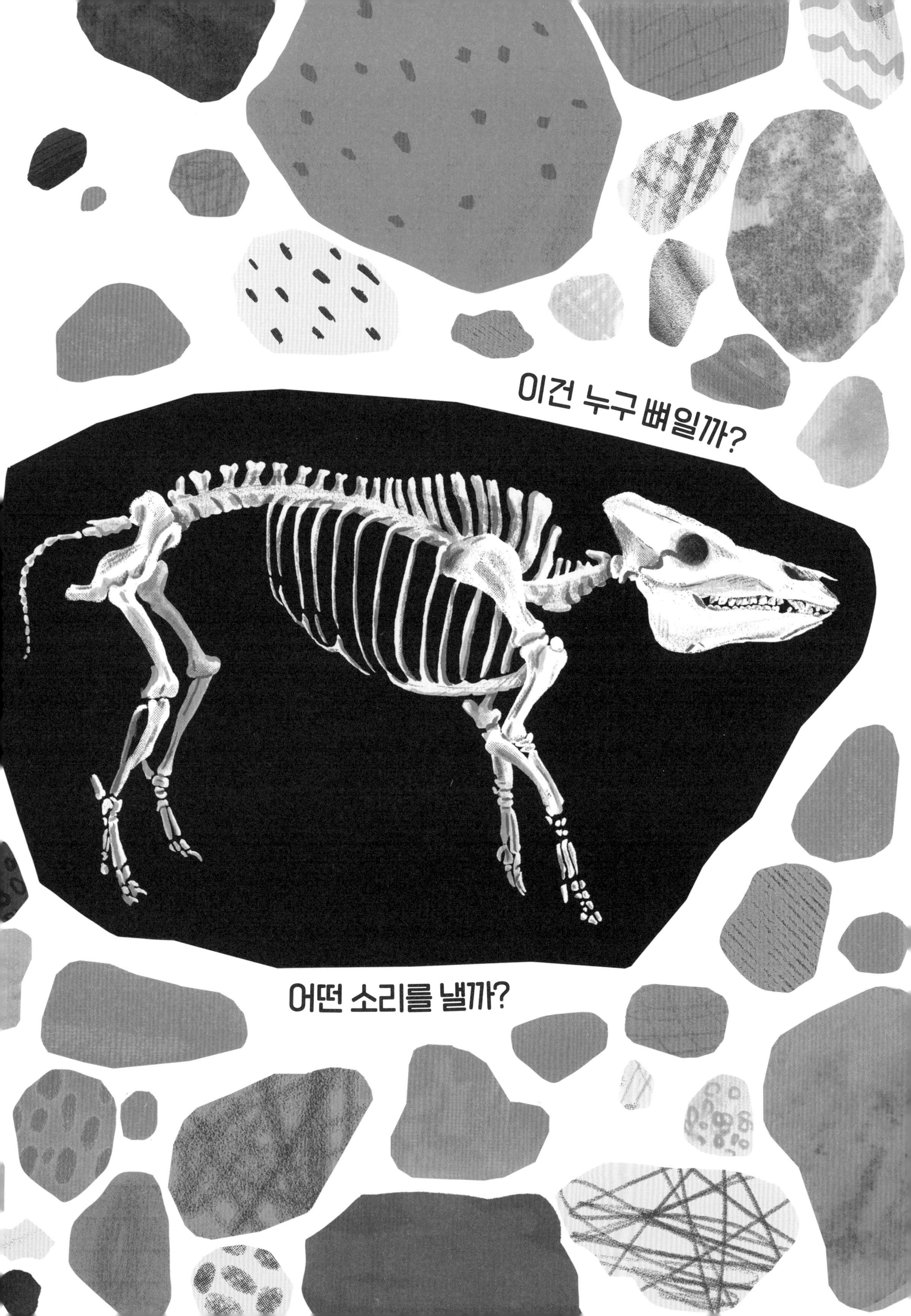
이건 누구 뼈일까?
어떤 소리를 낼까?

돼지!

멀리서 꿀꿀 소리만 들려도 우리는 돼지가 있다는 걸 알아.
사람마다 목소리가 다르듯이, 동물들도 저마다 **울음소리**가 다르기 때문이야.
소리를 내는 **발성 기관**의 생김새와 위치는 동물마다 달라.

*책장 뒷면에 불빛을 비춰 봐!

울음소리는 발성 기관뿐만 아니라 머리뼈의 모양, 몸의 크기,
그리고 서식지의 환경에 영향을 받아.
혹시 화석을 통해 공룡의 울음소리를 알아낼 수도 있을까?

공룡은 어떻게 울었을까?
사람이 듣지 못하는 소리를 냈을지도 몰라!
돌고래
위이이이잉
목의 근육만을 이용해 소리를 냈을까?
우우우우
타조
어흥!
호랑이
맹수처럼 큰 소리로 울부짖었을까?

새처럼 다양한 소리를 냈을까?
위이잉
구구구구
비둘기
뻐꾹
뻐꾸기
뿌우우우
개굴개굴
울음주머니가
달려 있었을까?
코를 이용해서 소리를 냈을까?
개구리
찌르르르
코끼리
방울뱀
꼬리 끝에 달린
방울을 흔들었을까?

파라사우롤로푸스는 무척 특이한 **볏**을 가지고 있어.

속이 텅 비어 있고, 코와 연결되어 있는 볏이지.

어떤 과학자들은 이 볏에 공기를 통과시켜 **나팔 소리**를 냈을 거라고 주장해.

볏이 있는 공룡은 볏의 크기나 모양에 따라 아주 다양한 소리를 냈겠지?

피나코사우루스는 몸집이 작고, 앵무새 같은 부리가 있는 갑옷 공룡이야.
최근 이 공룡의 화석에서 발성 기관이 발견되었어.
화석을 분석한 과학자들에 따르면 피나코사우루스는
새처럼 지저귀는 소리를 냈을지도 모른대.

아직 성대가 있는 공룡은 발견되지 않았어.
그래서 과학자들은 공룡이 크게 울부짖지는 못하고,
낮은 울음소리를 냈을 거라고 추측하고 있어.

상상해 봐!

이건 누구 뼈일까? 몸은 어떤 색일까?

앵무새!

정말 아름답지? 마치 살아서 움직이는 무지개를 보는 것 같아.

앵무새는 몸 전체가 선명하고 화려한 색색의 깃털로 덮여 있어.

하지만 뼈만 보고서 이렇게 감탄하는 사람은 아무도 없을걸!

우리가 사는 지구에는 아름다운 빛깔의 생명체가 참 많아.
천적이나 먹잇감에게 들키지 않으려고 주변 환경과 비슷한 색을 띠기도 하고,
이성의 관심을 끌거나 상대를 위협하기 위해 화려한 색을 띠기도 해.
아름다운 빛깔에도 다 이유가 있는 셈이지.

공룡은 어떤 색이었을까?
독화살개구리
화가 난다!
감정에 따라 색이
바뀌었을지 모르지.
산호뱀
화려한 색으로 독이 있다고
경고했을지도 몰라.
카멜레온
맨드릴개코원숭이
다람쥐
나무나 흙 비슷한 색을 띤
작은 공룡도 있었을 거야.
화려한 얼굴색으로
이성의 관심을 끌었을까?

눈에 특별한 반사층이 있는
동물은 밤에도 눈이 빛나.
고양이
늑대
밤에도 밝게 빛나는
눈이었을까?
족제비
부리 색이
화려했을지도 몰라.
신기한 색깔의
발은 어때?
퍼핀
푸른발부비새
무리 지어 있으면
몸집이 커다란 동물처럼 보였을지도 몰라.
얼룩말

까마귀처럼 윤기 나는
까만 깃털이 있어.
미크로랍토르
붉은 갈색 몸에 줄무늬 꼬리가 있어.
시노사우롭테릭스
등은 진한 갈색이고
배는 밝은색이야.
프시타코사우루스

놀랍게도 실제로 색이 밝혀진 공룡들이 있어.

과학이 발전하면서 공룡 화석에 남아 있는 깃털이나 피부 색깔을 분석해 낸 거야!

이렇게 되살아난 공룡은 우리가 알고 있던 모습과는 아주 달랐어.

그런데 지금 보이는 공룡들이 새랑 무척 닮지 않았니?
맞아! 이제 과학자들은 공룡 중에서도 티라노사우루스, 벨로키랍토르,
알로사우루스처럼 두 발로 서서 걸었던 수각류 공룡을 **새**로 분류해.
우리 주변에서 흔히 볼 수 있는 참새나 까치가 사실 **살아남은 공룡**인 거야.
공룡은 멸종하지 않았어! 지금도 우리와 함께 살고 있지.
새가 중생대와 우리 사이를 이어 주고 있는 거야.
지구에 사는 새를 알면 알수록 공룡의 모습을 더 생생하게 상상할 수 있어.
새는 놀랍도록 다양한 모습이니까.

오비랍토르
오비랍토르
벨로키랍토르

새를 닮은 공룡을 상상해 봐!
화려한 장식과 깃털을
뽐냈을지도 몰라.
빅토리아왕관비둘기
작은극락조
물가에 살던 공룡은 물에 젖지 않는
털과 물갈퀴가 있었을까?
나도 엄마처럼
되고 싶어!
새끼 때는 모습이
완전히 달랐을까?
청둥오리
병아리
닭

주변 환경과 똑같은 색을
띠었을지도 몰라.
나와 결혼해 주오!
흰올빼미
공작새 수컷
공작새 암컷
새끼도
같이 키워요.
수컷과 암컷이 다르게
생긴 경우가 많았을까?
내 눈엔 당신이
제일 예뻐요!
흰머리수리
원앙 수컷과 암컷
많은 새처럼 암수가 짝을 이루어
함께 살았을지도 몰라.

공룡을 둘러싼 상상은 지금도 변하고 있어.
새로운 사실이 끊임없이 발견되고, 연구도 계속 하거든.
과학 기술이 발달하면서 지금 상상하는 공룡의 모습이
또다시 완전히 뒤집힐지도 모르지.
가까이에 있는 생물과 자연을 잘 관찰해 봐.
공룡에 관한 상상은 바로 그렇게 시작하는 거야.
새로운 상상이 공룡을 둘러싼 수수께끼를
하나하나 풀어 줄 거야!

브라키오사우루스

티라노사우루스

트리케라톱스
파라사우롤로푸스
자, 이제 우리가 상상할 차례야!
그림을 보고 공룡의 모습을 상상해 봐.
뼈에 살을 붙이고, 깃털과 뿔을 달고, 색을 입혀 봐.
그림을 그려서 친구들과 서로 비교해 봐도 재미있을 거야.
상상력을 발휘해서 너만의 공룡을 그려 봐!
브라키오사우루스

티라노사우루스

알로사우루스

데이노니쿠스

스테고사우루스

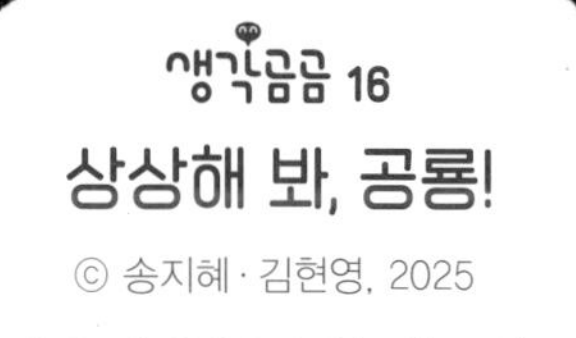

상상해 봐, 공룡!

초판 1쇄 인쇄 2025년 1월 20일
초판 1쇄 발행 2025년 2월 24일
ISBN 979-11-5836-501-1, 979-11-5836-120-4(세트)

펴낸이 임선희 **펴낸곳** ㈜책읽는곰
출판등록 제2017-000301호 **주소** 서울시 마포구 성지길 48
전화 02-332-2672~3 **팩스** 02-338-2672
홈페이지 www.bearbooks.co.kr **전자우편** bear@bearbooks.co.kr
SNS Instagram@bearbooks_publishers

책임 편집 이다정 **책임 디자인** 효효스튜디오
편집 우지영, 우진영, 최아라, 박혜진, 김다예, 윤주영, 도아라, 홍은채
디자인 김은지, 윤금비 **마케팅** 정승호, 배현석, 김선아, 이서윤, 백경희
경영관리 고성림, 이민종 **저작권** 민유리
협력업체 이피에스, 두성피앤엘, 월드페이퍼,
원방드라이보드, 해인문화사, 으뜸래핑, 문화유통북스